INHOTIM
NA VISÃO
DA FÍSICA

LEITURAS COMPLEMENTARES
PARA O ENSINO MÉDIO

Regina Pinto de Carvalho

Blanca Brites

INHOTIM
NA VISÃO
DA FÍSICA

LEITURAS COMPLEMENTARES
PARA O ENSINO MÉDIO

autêntica

Copyright © 2021 Regina Pinto de Carvalho
Copyright © 2021 Blanca Brites

Todos os direitos reservados pela Autêntica Editora Ltda. Nenhuma parte desta publicação poderá ser reproduzida, seja por meios mecânicos, eletrônicos, seja via cópia xerográfica, sem a autorização prévia da Editora.

EDITORAS RESPONSÁVEIS
Rejane Dias
Cecília Martins

REVISÃO
Aline Sobreira

REVISÃO TÉCNICA
Ana Márcia Greco de Sousa

CAPA
Alberto Bittencourt

FOTOGRAFIA DE CAPA
Lygia Pape, Ttéia 1C, 2002, fio metalizado, dimensões variáveis.
Coleção Instituto Inhotim, Brumadinho.
Foto: William Gomes

ILUSTRAÇÃO
Henrique Cupertino

DIAGRAMAÇÃO
Waldênia Alvarenga

Dados Internacionais de Catalogação na Publicação (CIP)
(Câmara Brasileira do Livro, SP, Brasil)

Carvalho, Regina Pinto de
 Inhotim na visão da física : leituras complementares para o ensino médio / Regina Pinto de Carvalho, Blanca Brites. -- 1. ed. -- Belo Horizonte, MG : Autêntica, 2021.

 ISBN 978-65-5928-057-5

 1. Arte contemporânea 2. Física - Ensino médio I. Brites, Blanca. II. Título.

21-55631   CDD-530.7

Índices para catálogo sistemático:
1. Física : Ensino médio 530.7

Aline Graziele Benitez - Bibliotecária - CRB-1/3129

Belo Horizonte
Rua Carlos Turner, 420
Silveira . 31140-520
Belo Horizonte . MG
Tel.: (55 31) 3465 4500

São Paulo
Av. Paulista, 2.073 . Conjunto Nacional
Horsa I . Sala 309 . Cerqueira César
01311-940 . São Paulo . SP
Tel.: (55 11) 3034 4468

www.grupoautentica.com.br
SAC: atendimentoleitor@grupoautentica.com.br

Estude a ciência da Arte e a arte da Ciência. Desenvolva seus sentidos e, em especial, aprenda a ver. Tenha em mente que todas as coisas se conectam com outras coisas.

Leonardo da Vinci

O Instituto Inhotim é ao mesmo tempo um museu de arte contemporânea e um jardim botânico: em meio a um paisagismo primoroso, encontram-se trabalhos de artistas brasileiros e estrangeiros, todos de renome internacional. Como os conceitos básicos da Física aparecem em qualquer situação do cotidiano, um olhar atento pode transformar um passeio pelo Instituto Inhotim em uma ótima aula de Física, pontilhada de observações sobre a arte contemporânea. Este livro pretende servir como um primeiro guia para professores do ensino médio e pessoas curiosas em geral, numa abordagem conjunta sobre Arte e Física. Para isso, são destacados aspectos interessantes de algumas obras do Inhotim e sua relação com conceitos da Física estudados no ensino médio.

As ilustrações explicativas foram preparadas de forma a serem visíveis para pessoas daltônicas. Se você, caro leitor, tem essa característica e teve dificuldade em interpretar esboços e gráficos, por favor, faça contato conosco, para que possamos, futuramente, melhorar o nosso trabalho.

Agradecemos ao Instituto Inhotim, em especial a Antonio Grassi, Renata Bittencourt, Juliano Borin e Thais Araujo, por facilitar nossas visitas e fornecer informações preciosas sobre as obras e o jardim botânico.

Agradecemos também à professora Maria Sylvia Dantas e ao senhor Tales Almeida (UFMG), pelo incentivo e pelas valiosas sugestões; e aos professores Marcelo Marchiori (UFMT), Regina Simplício (UFV) e José Guilherme Moreira (UFMG), pela organização de palestras, e aos seus alunos, pelas participação e sugestões sobre o tema.

Belo Horizonte, maio de 2021.
Blanca e Regina

INTRODUÇÃO

INHOTIM E A ARTE CONTEMPORÂNEA 13

CAPÍTULO I

DESVIO PARA O VERMELHO – CILDO MEIRELES ... 17

    As cores dos objetos 19

    Atividades 21

    Apêndice: O desvio para o vermelho na Astrofísica 23

    Agradecimentos 25

CAPÍTULO II

A INVENÇÃO DA COR, PENETRÁVEL MAGIC SQUARE #5, DE LUXE – HÉLIO OITICICA 27

    Mistura de pigmentos 29

    Seixos rolados 30

    Atividades 31

CAPÍTULO III

TTÉIA 1C – LYGIA PAPE 33

    A visão de um objeto 34

    Adaptação visual ao escuro 35

    Reverberação sonora 36

    Atividades 36

CAPÍTULO IV

VIEWING MACHINE – OLAFUR ELIASSON 39

    Imagens em espelhos múltiplo 40

    Atividades 44

CAPÍTULO V

BISECTED TRIANGLE, INTERIOR CURVE – DAN GRAHAM 45

    Superfícies semirrefletoras 46

    Imagens em espelhos planos e curvos 47

    Espelhos cilíndricos 49

    Atividades 51

CAPÍTULO VI

ATRAVÉS – CILDO MEIRELES 53

    Objetos transparentes – Refração 54

    As fases da Lua 56

    Som obtido no choque entre objetos 57

    Atividades 58

    Agradecimentos 60

CAPÍTULO VII

AHORA JUGUEMOS A DESAPARECER II – CARLOS GARAICOA 61

    A chama de uma vela 62
    Atividades 66
    Apêndice: Emissão de luz por átomos e moléculas 66
    Agradecimentos 67

CAPÍTULO VIII

O PARQUE DE INHOTIM 69

    No meio do caminho tinha uma pedra 70
    Verde que te quero verde 72
        Plantas aquáticas 74
        Fototropismo 76
    Devagar se vai ao longe 78
    Atividades 82
    Apêndice: Como determinar a densidade de um objeto . 84
    Agradecimentos 85

SUGESTÕES DE LEITURA 86

INTRODUÇÃO
INHOTIM E A ARTE CONTEMPORÂNEA

O Instituto Inhotim tem seu perfil direcionado à arte contemporânea, e as obras selecionadas para este livro são, na sua maioria, instalações que possuem pavilhão próprio ou estão distribuídas pelo parque.

Muitas vezes os artistas contemporâneos criam seus trabalhos em espaços diferenciados, onde o visitante é convidado a participar, deixando assim de ser um simples observador. Esse procedimento vem sendo realizado desde a década de 1960, e rompia com regras tradicionais de arte, em que o quadro era exibido na parede e a escultura, em um pedestal, e não podiam ser tocados. A partir de então, a obra passou a ser instalada em um espaço próprio, que se torna parte dela; esse conceito é denominado instalação. Algumas vezes, a instalação é efêmera e feita somente para um determinado espaço. No entanto, ela pode ser refeita, adaptada a outros lugares. Nesse caso, deve seguir rigorosamente o projeto do artista. Mesmo que os artistas contemporâneos escolham espaços alternativos para realizar seus trabalhos, suas instalações também podem estar em galerias ou museus de arte.

Nesse contexto, não há mais regras rígidas a serem seguidas, e outros elementos se tornam importantes, tais como o uso simultâneo de diversos materiais, o recurso a espaços alternativos, a interatividade com o público, a integração com a tecnologia e a ativação de todos os sentidos.

Aqui aparece a figura do curador, que passa a ter ativa importância na arte contemporânea. Seu papel é trabalhar em sintonia com o artista, acompanhar seu planejamento e indicar as obras para exposição. Ainda é sua incumbência participar de todo o processo sobre como e onde os trabalhos serão mostrados; é ele quem, através de textos, apresenta a exposição, evento ou instalação ao público. O curador ocupa-se, junto a uma equipe, em fazer a expografia[1] da exposição. Destacamos que o artista sempre deve ter a palavra final.

As instalações podem acontecer em espaços fechados, em parques ou outros locais abertos, onde se integram ao ambiente externo através de um trabalho de paisagismo, como é o caso aqui em Inhotim.

A história mais recente do paisagismo ocidental tem origem com os jardineiros que trabalhavam para as cortes. É possível identificar dois tipos de jardim: um é associado aos jardins franceses, a exemplo do Palácio de Versalhes (século XVII), com sua forte simetria, perspectiva valorizada, canteiros em forma de bordados e fontes exuberantes. O outro apresenta um estilo oposto: é o jardim à inglesa, do século XVIII, de linhas sinuosas e aparência informal, que idealiza a natureza. Era um jardim mais livre, contudo, muito bem planejado, e teve grande repercussão mundial.

Atualmente, o paisagista é um profissional que trabalha em conjunto com botânicos, arquitetos, agrônomos e artistas. Seu propósito é criar ambientações com áreas verdes, para o conforto do público, e que possam ser esteticamente apreciadas. Isso se faz através de um planejamento espacial com desenho, distribuição e harmonização da vegetação, seja de flora local ou não. Hoje, domina a flexibilidade na escolha da vegetação, pois ela pode ser constantemente renovada e alterada. Consideram-se ainda a localização,

---

[1] Expografia é a forma concreta de transmitir espacialmente a concepção da exposição. Uma equipe com arquiteto, iluminador, montador, entre outros, planeja a disposição dos elementos, a ambientação do espaço, a circulação do público.

as condições climáticas e a valorização do espaço circundante, seja ele natural ou urbano.

Um exemplo bem contemporâneo de paisagismo são os jardins verticais, que, além do aproveitamento espacial, buscam compensação pela pouca vegetação das cidades e se integram com a arquitetura urbana. Sua escala pode ir de pequenos espaços em apartamentos a parques e paredes externas de edifícios, ou mesmo incluir todo um bairro.

Livres de regras, os paisagistas, na sua maioria, criam jardins e parques considerando as questões ecológicas e ambientais.

CAPÍTULO I
DESVIO PARA O VERMELHO – CILDO MEIRELES

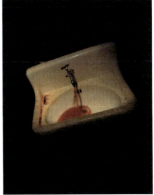

Cildo Meireles. *Desvio para o vermelho*, 1967-1984. Fotos: Pedro Motta. Coleção Instituto Inhotim.

Cildo Meireles nasceu no Rio de Janeiro, RJ, em 1948. Estudou na Fundação Cultural do Distrito Federal e iniciou sua vida artística muito jovem, fazendo pintura e escultura. Retornou para o Rio de Janeiro e, nos anos 1970, começou a fazer intervenções que refletiam a situação político-social da época, com seu projeto *Inserções em circuitos ideológicos*, que consistia em fazer a obra circular na vida real, sem preocupação com a permanência do objeto. Por exemplo, ele utilizou cédulas de dinheiro, cruzeiro (moeda brasileira da época) ou dólar norte-americano, nas quais carimbava a pergunta: "Quem matou Herzog?", assunto censurado na época. As cédulas eram colocadas em circulação, sem saber qual seu destino, mas tendo a certeza de que outras pessoas as veriam e se perguntariam a respeito do assunto, criando assim uma rede de informação.

A instalação *Desvio para o vermelho* é composta de duas salas. A primeira, *Impregnação*, parece ser a sala de visitas de uma casa comum. Tem as paredes pintadas de branco e todo o resto é tingido em vários tons de vermelho: desde o carpete no chão até os móveis, os objetos de decoração, os quadros, a geladeira, o sofá. A participação do público é fundamental para que as pessoas sintam o ambiente como uma imersão na cor, como se o visitante se banhasse de vermelho.

A segunda sala, *Entorno*, é pintada de preto, inclusive o chão, e tem pouca iluminação. Logo na entrada, vê-se no chão uma pequena garrafa de onde escorre tinta, formando uma vasta mancha vermelha por toda a peça. Ao fundo dessa sala, uma fraca luz atrai o olhar até uma pia, *Desvio*. Essa pia foi fixada de maneira inclinada na parede, e pela torneira escorre um jato de líquido vermelho, que lembra sangue. O artista cria essas situações para provocar muitas percepções sensoriais no visitante.

A obra *Desvio para o vermelho* foi apresentada pela primeira vez em 1967 e, desde 2006, tem sala permanente no Instituto Inhotim.

Cildo Meireles tem reconhecimento nacional e internacional, com obras nos museus mais reconhecidos do mundo.

As cores dos objetos

A luz visível corresponde a uma pequena faixa do espectro eletromagnético. Cada faixa de frequência é percebida como uma cor diferente. Por convenção, dividimos o espectro visível em algumas cores: vermelho (frequências mais baixas), laranja, amarelo, verde, azul, violeta (frequências mais altas). Essa divisão é apenas formal, já que pequenas variações da frequência emitida poderão fornecer tons intermediários.

O espectro visível estimula os três tipos de cone existentes no fundo de nossos olhos: um dos tipos é principalmente estimulado pela luz vermelha, outro pela luz azul e outro pela luz verde. Por essa razão, em alguns casos, divide-se o espectro visível em três cores: as frequências mais baixas correspondem ao vermelho, as intermediárias, ao verde e as frequências mais altas, ao azul.

A cor com que percebemos um objeto depende das cores da luz emitida, refletida ou transmitida por ele. Uma cor estimula com intensidade diferente cada tipo de cone; nosso cérebro compara os sinais enviados pelos três tipos de cone e os interpreta como uma determinada cor: os diversos matizes são obtidos quando os estímulos para cada cone têm diferentes intensidades.

A cor branca é percebida quando todas as frequências são recebidas com a mesma intensidade; a preta, quando nenhuma frequência é recebida por nossos olhos.

Tomemos como exemplo uma flor vermelha, com folhas verdes, iluminada por luz branca: as pétalas da flor absorvem todas as frequências visíveis, exceto as de frequência mais baixa, que são refletidas até nossos olhos. Recebendo luz dessa frequência, nosso cérebro a interpreta como vermelha. Ao mesmo tempo, as folhas absorvem todas as frequências visíveis, exceto as intermediárias, que são refletidas até nossos olhos e interpretadas pelo cérebro como sendo a cor verde. Se a mesma flor fosse iluminada por luz vermelha, esta seria refletida pelas pétalas, que apareceriam como vermelhas; as folhas absorveriam essa luz e não refletiriam nada, aparecendo como pretas.

Um vidro azul absorve luz de todas as cores, exceto as de frequências mais altas, que são transmitidas até nossos olhos e interpretadas como sendo a cor azul.

Em teatros e shows, é comum se usarem fontes de luz coloridas para conseguir belos efeitos no palco. Se forem acesas, ao mesmo tempo, luzes vermelhas, verdes e azuis, todas as frequências estarão presentes, e o efeito será o mesmo de quando se usa luz branca; se forem acesas as luzes de apenas uma ou duas cores, teremos iluminação da cor correspondente à soma das frequências presentes.

A mistura de tintas pode também resultar em novas cores, porém, nesse caso, teremos uma subtração de frequências. Por exemplo, uma tinta vermelha absorve luz de todas as cores, exceto vermelha; uma tinta azul reflete o azul e absorve todas as outras cores; o mesmo acontece com uma tinta verde. A mistura de todas as tintas terá pigmentos que absorvem praticamente todas as frequências, resultando numa cor escura. Quase todos nós, quando crianças, tivemos uma experiência decepcionante ao misturar todas as tintas de uma caixa de aquarelas: no lugar da linda cor nova esperada, foi obtida outra, escura.

Atividades

A1. Objetos transparentes coloridos podem servir como filtros, pois deixam passar apenas determinadas cores. Obtenha filtros vermelhos usando plástico, papel celofane ou placas de acrílico coloridos.

a) Observe, através de um filtro vermelho, a instalação *Impregnação*. Descreva o aspecto do ambiente visto por você.

b) Explique o que viu, respondendo às perguntas seguintes:
- Que cores são emitidas pela lâmpada da sala?
- Que cores são refletidas por cada objeto?
- Que cores chegam aos seus olhos através do filtro?

c) Descreva o que se observa olhando a instalação através de um filtro azul, e explique a observação.

A mesma atividade pode ser desenvolvida observando-se uma foto da instalação ou qualquer outro ambiente com objetos coloridos.

A2. Ao passar da primeira sala (carpetada) para a segunda, observe que o chão parece mais frio onde não existe o carpete. No entanto, as salas estão à mesma temperatura. O que provoca as sensações diferentes? Você precisa estar descalço ou de meias, como é recomendado na entrada da instalação.

A mesma atividade pode ser desenvolvida caminhando sem sapatos sobre pisos revestidos de materiais diferentes.

A3. Na instalação *Entorno*, um pequeno frasco derrama tinta vermelha, que se espalha por uma grande área no piso.

a) Avalie o volume de tinta que poderia ser contido no frasco.
b) Avalie a área em que essa tinta se espalhou no piso.
c) Usando os dados obtidos em (a) e (b), determine a espessura da camada de tinta espalhada pelo piso. Comente a suposição

de que toda a tinta saiu do frasco, levando em conta que a dimensão aproximada de um fio de cabelo é de 10^{-4} m.

A atividade pode ser também desenvolvida avaliando-se as grandezas através do esboço da sala (Figura I-1).

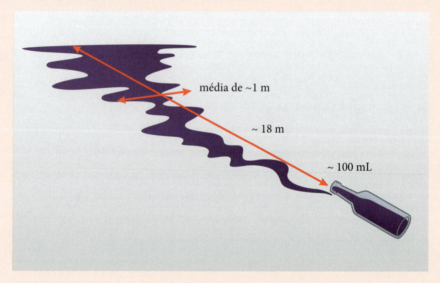

Figura I-1. Dimensões aproximadas da instalação *Entorno*.

A4. Na instalação *Desvio*, uma torneira jorra tinta ininterruptamente sobre uma pia, dando a impressão de que o fluxo é inclinado. De acordo com seus conhecimentos sobre gravitação, comente a posição do fluxo de água e da pia. Tem sentido afirmar que uma das posições é correta e que o outro objeto está inclinado?

Como se pode obter um fluxo de água na mesma direção que a torneira?

Apêndice: O desvio para o vermelho na Astrofísica

Na Astrofísica, a expressão "desvio para o vermelho" descreve o fenômeno que deu origem ao modelo do Universo em expansão.

Quando um átomo recebe energia, por exemplo, por aquecimento, seus elétrons migram para estados de energia mais alta (Figura I-2A); eles só podem ocupar níveis com valores bem definidos de energia. Ao retornar ao seu estado fundamental, esses elétrons emitem energia na forma de ondas eletromagnéticas, com energias determinadas pela diferença entre as energias dos níveis atômicos (Figura I-2B).

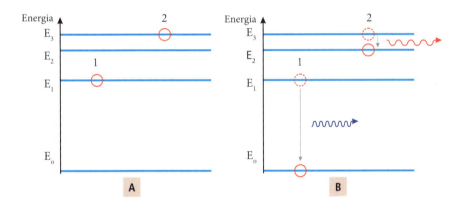

Figura I-2. Os elétrons em um átomo só podem ocupar estados bem definidos de energia: na figura, as energias permitidas são E_0, E_1, E_2 e E_3. Em A, o elétron 1 ocupa o nível E_1 de energia, e o elétron 2 ocupa o nível E_3. Em B, o elétron 1 retornou ao estado fundamental E_0, emitindo energia correspondente à diferença entre os níveis E_1 e E_0; o elétron 2 passou do nível E_3 para o nível E_2, e nesse caso a energia emitida foi menor que a energia emitida pelo elétron 1.

Essa é a chamada descrição quântica do átomo. Podemos fazer uma analogia da descrição quântica, por exemplo, com sacos de arroz comprados em um supermercado: o arroz é vendido em sacos de 1 kg; então só podemos comprar arroz com valores discretos, múltiplos de 1 kg (não é possível comprar, por exemplo, 4,5 kg de arroz).

O arroz é quantizado, e o valor de um *quantum* de arroz (a menor quantidade existente) é 1 kg. Se o arroz fosse vendido a granel, pesado no momento da compra, poderíamos comprar qualquer quantidade, ou seja, valores contínuos do produto.

Cada elemento tem um espectro bem definido, pois os elétrons de seus átomos emitem luz correspondente à diferença de energia entre os níveis característicos do elemento. A energia das ondas é relacionada à frequência (maior energia indica frequência maior) e inversamente relacionada ao comprimento de onda (maior energia corresponde a menor comprimento de onda). Assim, é possível identificar a presença de um elemento analisando-se as frequências de luz emitidas por uma amostra.

Observando-se o espectro emitido pelas estrelas, nota-se que o elemento mais abundante é o hidrogênio, porém os comprimentos de onda emitidos têm sempre um valor maior que os do espectro do hidrogênio observado em laboratório: o espectro nas estrelas é deslocado na direção do vermelho. Quanto mais afastadas as estrelas, maior o deslocamento em seus espectros.

Essa observação pode ser explicada pelo efeito Doppler: quando um objeto que emite ondas se afasta do observador, cada crista de onda demora mais a chegar do que se o objeto estivesse em repouso: o comprimento de onda fica aumentado (no caso da luz, há um desvio para o vermelho). Se o objeto se aproxima do observador, as cristas de onda chegam mais rapidamente – o comprimento de onda fica diminuído (no caso da luz, desvio para o azul). O efeito Doppler pode ser facilmente notado com as ondas sonoras, se observarmos o ruído do motor ou da buzina de um carro (Figura I-3): se o carro se aproxima, o som é mais agudo (frequência maior, comprimento de onda menor); se o carro se afasta, o som é mais grave (frequência menor, comprimento de onda maior). O que ouvimos na passagem do carro é aproximadamente: iiióóó...

Figura I-3. O efeito Doppler para o som: em A, um carro está parado, e o som de sua buzina é ouvido com a mesma frequência pelo motorista e por pessoas fora do carro. Em B, o carro se move para a direita; uma pessoa situada fora do carro, à sua frente, ouve o som com frequência maior (comprimento de onda menor, som mais agudo). Uma pessoa fora do carro, atrás dele, ouve o som com frequência menor (comprimento de onda maior, som mais grave). O motorista e outras pessoas que se movem junto com o carro ouvem o som com a frequência com que ele é emitido.

Então, observando-se o desvio para o vermelho no espectro das estrelas, conclui-se que o Universo não é estacionário, mas está em expansão, com as estrelas e galáxias se afastando umas das outras.

Agradecimentos

Agradecemos à estudante Ana Julia R. Ferreira, ao engenheiro Pedro R. Ferreira e ao professor Gabriel Franco (UFMG) por suas sugestões para a preparação do Apêndice.

CAPÍTULO II
A INVENÇÃO DA COR, PENETRÁVEL MAGIC SQUARE #5, DE LUXE – HÉLIO OITICICA

Hélio Oiticica. *A invenção da cor, penetrável Magic Square #5*, de luxe, 1977. Fotos: Brendon Campos. Coleção Instituto Inhotim.

Hélio Oiticica nasceu no Rio de Janeiro, RJ, em 1937. Na metade dos anos 1950, participou do Grupo Frente[2] e de exposições de arte abstrata no Rio de Janeiro, com trabalhos que apresentavam linhas e planos geométricos. Logo depois morou nos Estados Unidos, onde esteve em contato com as inovações artísticas da época. A partir de então, iniciou a famosa série *Penetráveis*, que traz, entre outros, projetos para a transposição de formas geométricas bidimensionais para o espaço tridimensional, onde se pode circular. Ele registrou esses projetos em desenhos e maquetes, que só mais tarde seriam construídos no espaço físico.

A instalação *A invenção da cor, Penetrável Magic Square #5* é constituída de nove muros com altura de cinco metros, com planos verticais, sendo alguns deles vazados. Os muros estão pintados, basicamente, de cores primárias fortes e intensas, mas se percebem outras tonalidades dessas cores, que surgem das condições da iluminação natural e das sombras dos muros entre si.

Nesse conjunto há ainda uma parte coberta com material sintético translúcido, de azul intenso, cor que se altera conforme a incidência da luz solar. Ao observar a obra, devem ser considerados outros sentidos, como a audição, pelo barulho provocado ao caminhar pelas pequenas pedras que cobrem o chão e delimitam o espaço quadrado da instalação.

O público é incentivado a percorrer livremente esse espaço. Pela maneira como estão colocados, os muros criam um labirinto no qual ninguém se perde, mas onde o jogo de esconde-esconde acrescenta um aspecto lúdico à obra.

É importante observar que essa instalação fica ao ar livre, em uma área privilegiada pela abundante natureza e paisagismo. Ao

---

[2] O Grupo Frente reuniu no Rio de Janeiro, de 1954 a 1956, artistas que buscavam afirmar a arte abstrata geométrica no Brasil, com interpretações estilísticas e técnicas bem individuais.

percorrer esse conjunto de formas e cores, é o público que faz a obra existir.

O artista Hélio Oiticica é referência para a arte contemporânea brasileira e internacional. Na década de 1960, criou os *Parangolés*, que são panos soltos, túnicas e estandartes, que envolvem o corpo das pessoas. Esse trabalho se tornou um marco na integração da arte à vida cotidiana, estando totalmente fora dos parâmetros oficiais. Oiticica propunha performances conjuntas e sem nenhuma preparação prévia, abolindo a distinção entre público e artista. Na abertura da exposição *Opinião 65*, no Museu de Arte Moderna do Rio de Janeiro, Hélio Oiticica entrou no museu com integrantes da Escola de Samba da Mangueira, da qual ele participava ativamente, que portavam *Parangolés*. Foram expulsos do museu e continuaram se manifestando no jardim, com apoio de outros artistas participantes da exposição.

É um artista importante não só por suas obras, mas também pelo que deixou escrito, o que permite conhecermos seu processo de criação e seu pensamento sobre arte.

Faleceu em 1980, no Rio de Janeiro. Sua família preserva seu acervo e promove exposições de suas obras no Brasil e no exterior.

Mistura de pigmentos

Os objetos que não emitem luz são vistos devido à luz que refletem. Em geral, esses objetos absorvem algumas cores e refletem outras, apresentando a cor correspondente à luz que foi refletida. Assim, as tintas são preparadas de forma a absorver algumas cores e refletir outras, resultando na reflexão da cor desejada.

Podemos obter qualquer cor misturando pigmentos ciano, magenta e amarelo, que são chamados de cores primárias para a subtração.

A Figura II-1 mostra como se obtêm cores secundárias por meio delas.

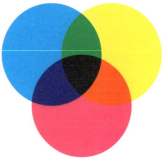

Figura II-1. Tomando como base pigmentos ciano, magenta e amarelo, é possível obter outras cores, por subtração: vermelho (magenta + amarelo), verde (ciano + amarelo), azul (ciano + magenta), misturadas em iguais proporções. Outras tonalidades podem ser obtidas usando-se diferentes proporções das cores primárias. A cor preta é obtida usando-se iguais proporções das três cores primárias, pois, nesse caso, todas as cores serão absorvidas pelos pigmentos.

Objetos transparentes coloridos absorvem parte da luz que incide sobre eles, refletindo e transmitindo apenas determinada cor. Se a luz transmitida por eles incide sobre algum outro objeto, este poderá apresentar uma cor diferente da que tem quando iluminado com luz branca.

Seixos rolados

Encontramos no fundo dos rios muitas pedras arredondadas, denominadas seixos rolados. Estes são compostos basicamente de quartzo (SiO_2), que é o principal componente da crosta terrestre, e adquiriram a forma arredondada ao serem arrastados pelo fluxo de água. Seixos rolados são muito usados em paisagismo e decoração.

Na região ferrífera de Minas Gerais, onde está localizado o parque de Inhotim, é comum a presença de óxidos e hidróxidos de ferro no solo ou em suspensão nas águas. No caso dos seixos rolados, o quartzo (esbranquiçado) recebe uma camada externa desses óxidos, que foram precipitados a partir das águas dos rios e formam uma cobertura marrom avermelhada.

Capítulo II A invenção da cor, Penetrável Magic Square #5, De Luxe – Hélio Oiticica

Atividades

A1. Identifique as cores das paredes da obra *A invenção da cor*. Quais são consideradas cores primárias para subtração? Como podem ser obtidas as outras?

Essa atividade pode também ser realizada usando-se uma fotografia da obra.

A2. Observe o tom das paredes da obra à luz do sol. Em seguida, observe as mesmas paredes através de papel celofane ou plástico vermelho, verde ou azul. Por que as cores parecem diferentes?

Essa atividade pode também ser feita usando-se uma fotografia da obra.

A3. Observe a luz que passa através da cobertura de vidro azul e incide sobre as paredes brancas. De que cor aparecem as paredes? Por quê?

Essa atividade pode também ser realizada com a foto da Figura II-2 ou usando-se papel celofane ou plástico azul e uma parede branca.

Figura II-2. A luz que passa pela cobertura de vidro azul incide sobre uma parede branca.

A3. Observe a forma e a cor dos seixos que compõem o piso da obra. Alguns deles estão quebrados, e se pode observar a cor do seu interior. Explique porque eles têm essas características.

Essa atividade pode também ser realizada usando-se a foto do piso da obra mostrada na Figura II-3.

Figura II-3. O piso da obra *A invenção da cor* é coberto por seixos rolados. O tamanho dos seixos pode ser inferido comparando-se com o sapato da fotógrafa. Observando-se um seixo quebrado, verifica-se que o interior é esbranquiçado (quartzo), recoberto por uma fina camada escurecida por óxidos de ferro.

CAPÍTULO III
TTÉIA 1C – LYGIA PAPE

Lygia Pape. *Ttéia 1C*, 2002. Foto: William Gomes. Coleção Instituto Inhotim.

    Lygia Pape nasceu em Nova Friburgo, RJ, em 1927. Sua base inicial foi a gravura, com a qual fez trabalhos abstratos nos anos 1950. Participou, juntamente a Hélio Oiticica, do Grupo Frente, no Rio de Janeiro. Ela se dedicou à fotografia e ao cinema, escrevendo roteiros e dirigindo, bem como fazia instalação e performance. Também trabalhou com desenho industrial. A artista estudou na Escola de Belas Artes da Universidade Federal do Rio de Janeiro, onde posteriormente foi professora. Ela sempre criticou as condições de desigualdade social, presentes também em relação à mulher. Propunha obras que pudessem ser realizadas com participação coletiva e sem sua presença, como a obra *Divisor*,[3] de 1968.

Em *Ttéia 1C*, Lygia Pape joga com o duplo sentido do título, que traz a ideia de teia e também a de "teteia", que é algo bonitinho, afetivo, referente à criança. A obra está em uma base de 2.100 cm x 2.100 cm, com 500 cm de altura, e é composta por fios de cobre dourados colocados bem próximos entre si. Eles estão presos no chão e no teto, e assim dão ideia de faixas. No ambiente, a luz é tênue, o que cria a sensação de que essas faixas estão suspensas no ar. Como estão colocadas em diversas direções, sem simetria, e se entrecruzam, formam quase uma teia muito bonita, uma teteia. Embora não se toquem, o cruzamento dessas tramas e a projeção da luz nos fios, por vezes, criam efeitos de formas geométricas.

O pavilhão que recebe a obra tem seu espaço totalmente isolado de som e luz externos, o que induz a certo recolhimento; o público contorna esse conjunto e a cada passo percebe novos efeitos.

Lygia Pape faleceu no Rio de Janeiro, em 2004.

No final de sua vida, a artista criou uma fundação que atualmente organiza exposições de suas obras no Brasil e no exterior. Dessa forma, a instalação *Ttéia 1C* foi montada na Bienal de Veneza, em 2009, e mais tarde instalada de forma permanente no Inhotim.

A visão de um objeto

Os objetos podem ser classificados como luminosos ou iluminados, opacos ou transparentes. Os objetos luminosos emitem luz

---

[3] *Divisor* constitui-se de um pano de 2.000 cm x 2.000 cm, com pequenas aberturas por onde passam as cabeças das pessoas; as cabeças ficam à mostra, e os corpos, abaixo do pano. Todos têm de caminhar juntos para que possam se movimentar. Ver: https://bit.ly/3iscI8R. Acesso em: jul. 2021.

como resultado de aquecimento, passagem de corrente elétrica ou outra forma de estímulo. Esse é o caso das lâmpadas, do Sol, das estrelas. Outros objetos não emitem luz, porém refletem a luz que incide sobre eles. Esses são a maioria dos objetos que nos cercam, e que só podem ser vistos na presença de alguma fonte de luz. Os objetos opacos impedem a passagem de luz através deles; em geral, refletem parte da luz incidente. Objetos transparentes permitem a passagem da luz, em maior ou menor intensidade, podendo refletir ou absorver parte da luz incidente.

Podemos ver um objeto quando luz emitida, refletida ou transmitida por ele atinge nossos olhos. O próprio feixe de luz não é visível, a menos que algo desvie a sua trajetória na nossa direção.

Adaptação visual ao escuro

A luz proveniente de um objeto penetra nossos olhos e produz alterações químicas nas células do fundo do olho, que então enviam sinais elétricos ao nosso cérebro. Esses sinais são decodificados e resultam na imagem do objeto. As alterações químicas são reversíveis, permitindo que vejamos diferentes objetos, mas é necessário certo tempo para que as células retornem à sua configuração anterior. Ao passar de um ambiente iluminado para outro, escuro, a princípio não podemos enxergar nada, pois as células fotossensíveis da retina estão saturadas. Aos poucos elas se regeneram e se tornam sensíveis à fraca intensidade luminosa do novo ambiente. Por isso, levamos algum tempo a nos "acostumar" com o ambiente escuro e a começar a enxergar objetos pouco iluminados.

Durante essa adaptação ocorre também o relaxamento da pupila (orifício na parte externa do olho que controla a entrada de luz). Ela se abre, permitindo a entrada de mais iluminação, porém esse efeito é responsável por menos de 10% da capacidade de um indivíduo ver objetos em locais pouco iluminados.

Reverberação sonora

O som emitido em uma sala se propaga através dela. Se houver muitos objetos no ambiente, o som poderá ser absorvido ou desviado. Ao encontrar paredes rígidas, o som é refletido, e, em geral, a absorção é pequena na superfície; o som refletido continua a se propagar até encontrar outra parede, e a reflexão pode acontecer diversas vezes. Salas grandes e com poucos obstáculos costumam apresentar o fenômeno da reverberação: parte do som produzido atinge diretamente nossos ouvidos, outra parte se reflete nas paredes; dependendo do tamanho da sala, a diferença entre o momento da chegada do som direto e a do som refletido é perceptível, e às vezes temos mais de uma reflexão, o que prolonga a duração do efeito sonoro. Isso pode gerar uma sensação agradável, no caso de um recital de música, ou dificultar a compreensão de uma conferência.

Atividades

A1. Ao entrar na galeria onde está a instalação *Ttéia 1C*, observe o que acontece quando se passa de um ambiente iluminado para outro com baixa luminosidade. Você conseguiu enxergar imediatamente o que existia na sala? Avalie seu tempo de adaptação e compare-o com o de outras pessoas.

A mesma atividade pode ser realizada em outro local, passando-se de um ambiente claro para um com pouca iluminação.

A2. Na instalação *Ttéia 1C*, embora existam fios metálicos em toda a altura da sala, apenas uma seção deles pode ser vista à luz de holofotes instalados no teto. Por que eles não são vistos integralmente? Relacione esse fato com o uso de fumaça no palco de shows musicais.

A3. Bata palmas no interior da galeria. Observe o som produzido e explique o que acontece.

A mesma atividade pode ser realizada em outro local amplo e vazio. Você já notou a sonoridade estranha de um apartamento sem móveis?

CAPÍTULO IV
VIEWING MACHINE – OLAFUR ELIASSON

Olafur Eliasson. *Viewing Machine*, 2001. Foto: Daniela Paoliello. Coleção Instituto Inhotim.

Olafur Eliasson. *Viewing Machine*, 2001. Foto: William Gomes. Coleção Instituto Inhotim.

Olafur Eliasson nasceu em Copenhague, Dinamarca, em 1967. Estudou na Real Academia de Belas Artes da Dinamarca e lecionou em Berlim, Alemanha, onde tem um ateliê; vive também em Copenhague. É um dos mais importantes artistas da arte contemporânea. Suas obras são marcadas por grandes dimensões, nas quais ele usa elementos como água, luz, ar, cor. O artista valoriza a arquitetura e o espaço da cidade onde a obra é feita e propõe uma ativa participação do visitante.

Na obra *Viewing Machine* (Máquina de Ver), o público é convidado a manipular um imenso caleidoscópio de aço inoxidável que se assemelha a um canhão. É um tubo hexagonal formado internamente por seis espelhos, com as extremidades abertas e que pode ser girado em várias direções. Essa obra, que pode ser vista como uma escultura, está colocada em contato direto com a paisagem, possibilitando ao visitante imagens de agradável efeito, resultantes do jogo de espelhos, em combinações que parecem não se repetir.

Manipular esse caleidoscópio é um convite para uma interação lúdica do público.

Imagens em espelhos múltiplos

Um espelho plano produz uma imagem do mesmo tamanho que o objeto, situada a uma distância atrás do espelho igual à distância do objeto ao espelho. A posição dessa imagem pode ser encontrada procurando-se a interseção de raios que partem do objeto e refletem na superfície do espelho segundo as leis da reflexão (Figura IV-1).

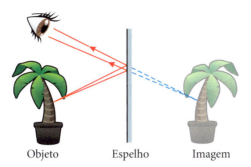

Figura IV-1. Imagem de um objeto colocado à frente de um espelho plano.

Utilizando-se as leis da reflexão, podemos concluir que a distância da imagem até o espelho, atrás dele, é igual à distância do objeto até o espelho, à frente dele (Figura IV-2). Portanto, uma forma fácil de localizar a imagem é desenhar uma linha perpendicular à superfície do espelho e tomar a mesma distância entre o objeto e o espelho e entre o espelho e a imagem (Figura IV-3). O mesmo procedimento pode ser adotado se o objeto estiver acima ou abaixo do espelho, bastando nesse caso traçar a linha perpendicular sobre o prolongamento do espelho.

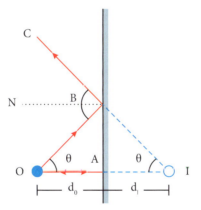

Figura IV-2. Um raio de luz que parte do objeto O e incide sobre o espelho em B é refletido de forma que o ângulo $\widehat{OBN}$, entre o raio incidente e a normal ao espelho, seja igual ao ângulo $\widehat{NBC}$, entre o raio refletido e a normal ao espelho. Outro raio de luz que parte do objeto O e incide sobre o espelho no ponto A é refletido sobre si mesmo, pois faz um ângulo de 0° com a normal. Os dois raios refletidos, AO e BC, parecem vir do ponto I, atrás do espelho, que é o ponto onde se encontra a imagem de O. Analisando-se a figura, verifica-se que os triângulos ΔABO e ΔABI são semelhantes e que, portanto, a distância AO, do objeto ao espelho, é igual à distância AI, da imagem ao espelho.

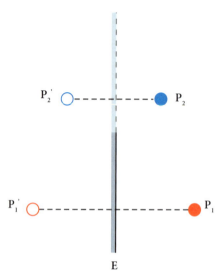

Figura IV-3. A imagem do ponto P_1 colocado à frente do espelho E é o ponto P_1', situado à mesma distância atrás do espelho. A imagem do ponto P_2 pode ser encontrada prolongando-se a linha que determina a superfície do espelho. A imagem do ponto P_2 somente será vista se alguns dos raios que partem desse ponto forem refletidos pelo espelho e alcançarem nossos olhos, dando a impressão de virem de trás do espelho.

Com dois espelhos planos são obtidas diversas imagens, o número dependendo do ângulo entre eles (Figuras IV-4 e IV-5).

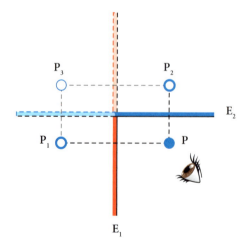

Figura IV-4. Imagens do ponto P colocado em frente a dois espelhos que fazem um ângulo de 90° entre si: P_1 e P_2 são as imagens formadas respectivamente pelos espelhos E_1 e E_2; P_3 é a imagem de P_1 formada pelo espelho E_2, que coincide com a imagem de P_2 formada pelo espelho E_1.

Capítulo IV Viewing Machine – Olafur Eliasson   43

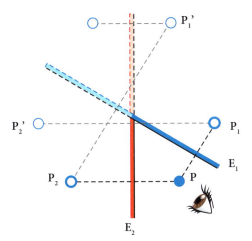

Figura IV-5. Imagens do ponto P colocado em frente a dois espelhos que fazem um ângulo de 60° entre si: P_1 é a imagem de P formada pelo espelho E_1; P_2 é a imagem de P formada pelo espelho E_2; P_1' é a imagem de P_2 formada pelo espelho E_1; P_2' é a imagem de P_1 formada pelo espelho E_2, e assim por diante.

A Figura IV-6 mostra algumas imagens formadas por três espelhos, colocados em ângulos de 120° entre eles.

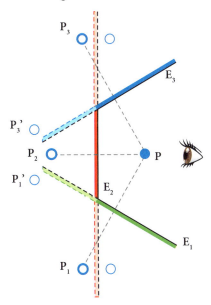

Figura IV-6. Imagens de um ponto P formadas por três espelhos colocados em ângulos de 120°. P_1, P_2 e P_3 são as imagens de P formadas, respectivamente, pelos espelhos E_1, E_2 e E_3. P_1' e P_3' são imagens de P_2 formadas, respectivamente, pelos espelhos E_1 e E_3, e assim por diante.

Num caleidoscópio, geralmente se colocam três ou mais espelhos planos, formando um prisma. Nesse caso, existem inúmeras imagens dos objetos colocados no seu interior: imagens do objeto em cada um dos espelhos e imagens de cada imagem, formadas pelos outros espelhos.

Atividades

A1. Determine a origem de algumas imagens nos esquemas das Figuras IV-4, IV-5 e IV-6. Para uma dessas imagens, trace raios de luz partindo do objeto e chegando aos olhos do observador, como se viessem do ponto onde está a imagem.

A2. Na obra *Viewing Machine* ou em uma fotografia dela, determine a origem de algumas imagens.

A3. O link a seguir mostra como construir um caleidoscópio caseiro usando réguas: https://bit.ly/3wCjDBD. Acesso em: jul. 2021.

CAPÍTULO V
BISECTED TRIANGLE, INTERIOR CURVE – DAN GRAHAM

Dan Graham. Bisected *Triangle, Interior Curve*, 2002. Fotos: Eduardo Eckenfels (esquerda) e Brendon Campos (direita). Coleção Instituto Inhotim.

Dan Graham nasceu em Jersey, Estados Unidos, em 1942, e começou sua trajetória no meio artístico como curador e crítico; conviveu com artistas inovadores que, na década de 1960, faziam performance e arte no espaço público. A fotografia foi e continua sendo importante para seus trabalhos. Atualmente o artista vive e trabalha em Nova York.

O pavilhão *Bisected Triangle, Interior Curve* tem um formato triangular e é feito de aço inoxidável e vidro semiespelhado, o que permite que se veja ao mesmo tempo a paisagem exterior e as pessoas que estão dentro do pavilhão. Internamente há um vidro curvo semiespelhado que cria distorções das imagens refletidas e sobrepostas. Tais sensações fazem com que o visitante se desestabilize e perca suas referências, sem saber quem está dentro e quem está fora da obra. Por ser uma obra que obedece à escala humana, essas alterações de percepção são sentidas mais direta e intensamente.

Sua proposta se transforma em um jogo, pois o visitante tenta buscar outros ângulos nos vidros para ver como sua imagem será refletida. O artista provoca esses efeitos para que o visitante pense nas possibilidades de outras dimensões do espaço. Ele quer também romper com dualidades como dentro e fora, artista e público, real e imaginário, e quer que as pessoas pensem sobre isso.

Bisected Triangle, Interior Curve é um trabalho instigante e lúdico, mas é também resultado de muita pesquisa. Dan Graham se considera um artista-escritor e tem obras expostas em diversas cidades de todo o mundo.

Superfícies semirrefletoras

Vidros comuns deixam passar quase toda a luz que incide sobre eles: em geral, mais de 90% da intensidade luminosa é transmitida através deles, uma pequena parte é absorvida, e muito pouca luz é refletida (a intensidade da luz refletida depende do ângulo de incidência da luz com relação à superfície do vidro).

É possível preparar vidros especiais que terão uma intensidade de luz refletida um pouco maior que a do vidro comum, recobrindo-se o vidro com um filme que tenha uma pequena quantidade de metal, que vai refletir parte da luz e transmitir outra parte. Assim, esses vidros especiais funcionam ao mesmo tempo como transmissores e refletores da luz que incide sobre eles, e são chamados vidros semirrefletores.

Imagens em espelhos planos e curvos

As imagens formadas por espelhos planos e curvos podem ser estudadas usando-se as leis da reflexão.

Num espelho plano, a imagem de um objeto é do mesmo tamanho que ele, direita, e parece estar situada atrás do espelho, na posição onde se encontram os prolongamentos dos raios refletidos, sendo, portanto, uma imagem virtual (Figura V-1).

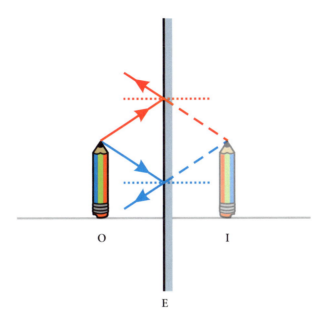

Figura V-1. A luz que parte da ponta do objeto O se reflete no espelho plano E, seguindo as leis da reflexão (ângulo de incidência com relação à normal à superfície = ângulo de reflexão com relação a essa normal); o prolongamento dos raios refletidos parece vir de trás do espelho e forma a imagem virtual I, direita e do mesmo tamanho do objeto.

Em superfícies curvas, a imagem será diferente do objeto: se a superfície for côncava, dependendo da distância do objeto ao espelho, a imagem formada será maior ou menor que o objeto, real e invertida ou direita e virtual (Figura V-2).

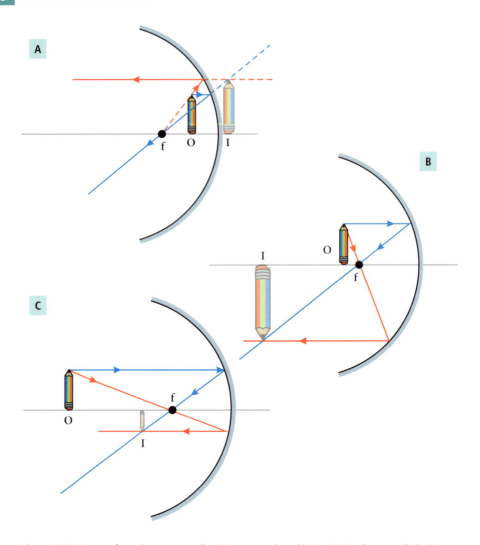

Figura V-2. Imagem formada em um espelho côncavo quando o objeto está situado a uma distância do espelho menor que a distância focal f (A), entre f e 2f (B) ou maior que 2f (C). Nos três casos, as leis da reflexão levam a duas regras simples:

• um raio de luz que incide paralelamente ao eixo do espelho se reflete passando pelo foco;

• um raio de luz que incide passando pelo foco se reflete paralelamente ao eixo do espelho.[4]

Usando-se essas regras, observa-se que em (A) a imagem é virtual, direita e maior que o objeto. Em (B) e (C) a imagem é real e invertida, e o seu tamanho depende da distância do objeto ao espelho.

---

[4] Um espelho côncavo pode também ser chamado de espelho convergente: raios de luz que incidem paralelamente ao seu eixo são refletidos de forma a convergir para um ponto, que é o foco da parábola.

Em uma superfície convexa, a imagem será sempre real, direita e menor que o objeto (Figura V-3).

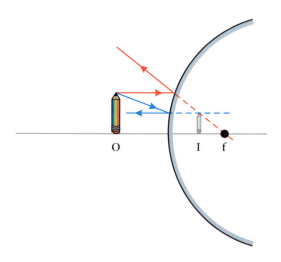

Figura V-3. Imagem formada em um espelho convexo.[5] Usando-se as regras descritas na Figura V-2, observa-se que a imagem formada é sempre virtual, direita e menor que o objeto. (Compare essa figura com a Figura V-2A.)

Espelhos cilíndricos

Uma superfície cilíndrica é plana em uma direção e curva em outra. Então, se a superfície de um espelho for cilíndrica, a imagem formada será direita e do mesmo tamanho que o objeto na direção plana, e direita ou invertida, maior ou menor que o objeto, na direção curva, dependendo da curvatura (côncava ou convexa) e da distância do objeto ao espelho.

---

[5] Um espelho convexo é um espelho divergente, pois raios de luz paralelos divergem após a reflexão, como se viessem de um foco, situado atrás do espelho.

A Figura V-4 mostra imagens formadas em uma superfície plana, uma cilíndrica convexa e uma cilíndrica côncava.

Figura V-4. Imagens formadas por uma superfície plana (A), cilíndrica convexa (B) e cilíndrica côncava (C).

Atividades

A1. Antes de entrar no prisma formado pela obra *Bisected Triangle, Interior Curve,* observe a imagem de objetos e da paisagem em suas paredes. São imagens refletidas ou transmitidas pelo vidro? O que se pode dizer sobre esse vidro?

A2. Encoste a ponta de um dedo no vidro e observe as imagens formadas por reflexão. Uma, mais intensa, é formada pelo filme semirrefletor, colocado em uma das faces do vidro. Outra, mais pálida, é formada pela superfície do vidro que não está recoberta pelo filme. Uma das imagens está próxima ao seu dedo, enquanto a outra está um pouco mais afastada. Através das suas observações, é possível determinar em que face do vidro foi colocado o filme.

Essa atividade pode também ser feita encostando-se o dedo em um vidro comum. Nesse caso, serão observadas duas imagens bastante pálidas, uma formada pela reflexão na face anterior do vidro e outra formada pela sua face posterior.

A3. Dentro do prisma, observe sua imagem refletida pela parede que divide o espaço interno. A imagem tem a mesma altura que a pessoa, porém a largura é alterada. O que se pode concluir sobre a forma da parede espelhada? Compare com a imagem refletida pela parede lateral do prisma, que é plana.

A4. Dirija-se ao outro lado do prisma e observe outra vez a sua imagem na parede espelhada. A imagem novamente terá a mesma altura que a pessoa, mas a largura será alterada. Essa imagem é semelhante à observada em A3? O que se conclui sobre a forma da parede divisória?

A5. Coloque-se do lado onde a parede divisória é côncava, a um passo da parede plana, e observe a sua imagem. Levante a mão direita. Na direção horizontal, a imagem é direita ou invertida?

A6. É possível determinar a distância focal da superfície côncava observando-se a imagem à medida que nos afastamos da superfície. Ao nos aproximarmos do ponto focal, a imagem deixa de ficar nítida, e, ao ultrapassarmos esse ponto, ela pode ser novamente vista, e passa a ser invertida.

A7. Ao mesmo tempo que observa a sua imagem na superfície cilíndrica, note que as imagens de outras pessoas, situadas do outro lado da divisória, não estão deformadas. O que se pode concluir sobre as imagens observadas através da transmissão da luz no vidro de faces paralelas, seja ele curvo ou plano?

Nota: A observação de imagens em espelhos cilíndricos côncavos pode ser feita colocando-se um pequeno objeto no interior polido de uma panela ou lata de biscoitos e aproximando-o ou afastando-o da parede. A superfície externa da panela ou lata de biscoitos, caso seja polida, pode ser usada para se observar imagens em espelhos cilíndricos, convexos.

CAPÍTULO VI
ATRAVÉS – CILDO MEIRELES

Cildo Meireles. *Através*, 1983-1989. Foto: Daniel Mansur. Coleção Instituto Inhotim.

No Capítulo I: *Desvio para o vermelho*, já apresentamos Cildo Meireles, que tem uma trajetória artística de 50 anos. Suas propostas são sempre diferenciadas, pois, como ele mesmo diz: "sempre parto do zero", ou seja, cada obra é um recomeço. É claro que toda sua experiência e sua bagagem artística estão presentes em seu processo criativo.

A instalação *Através* constitui-se de um quadrado de 1.500 cm x 1.500 cm, com 600 cm de altura, onde o artista coloca os mais diversos elementos para delimitar espaços, mas não para fechá-los: cortinas de tecido translúcido, telas com tramas variadas, cerca de madeira, persianas, cortina de plástico presa no teto, entre outros, todos usados para criar paredes transparentes, barreiras visuais.

As pessoas circulam livremente pelo espaço, que se torna quase um labirinto, pois é preciso desviar de todos esses objetos. Dentro da instalação, o visitante caminha sobre pedaços de vidro quebrado que recobrem todo o chão, e cujo som ressalta o sentido sóbrio desse conjunto.

No centro da sala, um foco de luz pende sobre um enigmático volume redondo, branco, formado por um emaranhado de filme plástico translúcido, protegido por arame farpado, cerca, telas, grades, cordas, como se formassem obstáculos para ao público.

Nos lados da instalação estão dois aquários retangulares, com peixes vivos; como eles estão a 100 cm do chão, podemos ver outras partes da obra através deles.

Como indica o próprio nome da obra, *Através,* tudo é feito para ser visto através dos materiais que formam barreiras e que talvez levem o visitante a querer descobrir o que está vedado.

Objetos transparentes – Refração

Os objetos que não emitem luz podem refletir ou transmitir a luz proveniente de uma fonte. Os objetos opacos não podem ser atravessados pela luz e são visíveis porque refletem a luz que incide sobre eles. Objetos transparentes refletem apenas parte da luz incidente; uma pequena parte é absorvida no material, e eles deixam passar grande parte do feixe, desviando a direção de propagação. Esse desvio recebe o nome de refração.

A refração depende da direção na qual o raio de luz incide sobre a superfície que separa os dois meios transparentes. O ângulo que o raio faz com a normal à superfície de separação é maior no meio em que a velocidade da luz é maior (Figura VI-1).

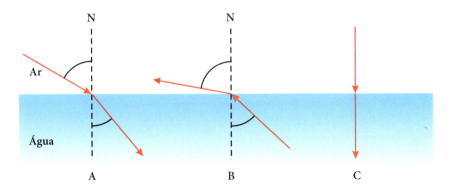

Figura VI-1. Raios de luz passam de um meio transparente para outro. Em A, um raio de luz passa do ar para a água, e em B um raio passa da água para o ar. Em ambos os casos, o ângulo que o raio faz com a normal à superfície entre os dois meios é maior no ar (maior velocidade da luz) que na água (menor velocidade da luz). Em C, o raio incide perpendicularmente à superfície e não sofre desvio.

Qualquer objeto colocado em um meio transparente, por exemplo, na água, poderá ser visto fora do meio, através da refração da luz refletida por ele. Como os raios mudam de direção ao passar de um meio para outro, a imagem vista estará em um local diferente da posição do objeto (Figura VI-2).

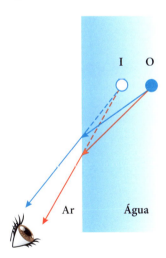

Figura VI-2. Um objeto colocado na água é visto no ar através da refração. Os raios de luz que partem do objeto O se desviam ao passar da água para o ar, afastando-se da normal à superfície de separação. Os raios refratados parecem vir da imagem I, que está mais próxima da interface entre os meios que o objeto.

Uma pequena parte da luz incidente sobre a superfície de separação é refletida de volta para o meio. A porção refletida aumenta quando o ângulo de incidência aumenta (Figura VI-3). Como o raio se afasta da normal ao passar da água para o ar, há um ângulo-limite, para o qual o raio refratado é tangente à superfície. Os raios que fazem ângulo com a normal maior que o ângulo-limite são inteiramente refletidos para o interior do meio.

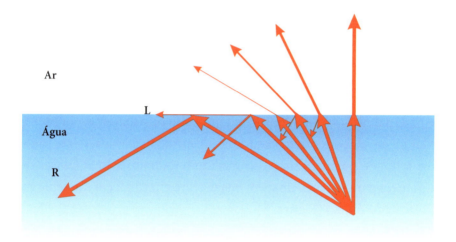

Figura VI-3. Raios de luz partem de um ponto na água e se desviam ao passar para o ar, afastando-se da normal à superfície de separação entre os dois meios. Parte da luz é refletida de volta para a água, e a intensidade refletida aumenta quando aumenta o ângulo do raio incidente. O ângulo do raio L tem um valor-limite, e o raio se refrata paralelamente à superfície; raios que incidem com ângulo maior que o valor-limite (por exemplo, o raio R) são inteiramente refletidos para a água.

As fases da Lua

A Lua não tem luz própria; ela é visível porque reflete a luz do Sol que incide sobre ela. Portanto, só podemos ver a porção iluminada da Lua voltada para a direção da Terra, e por isso a forma da parte visível da Lua varia, de acordo com a posição entre o Sol, a Lua e a Terra (Figura VI-4).

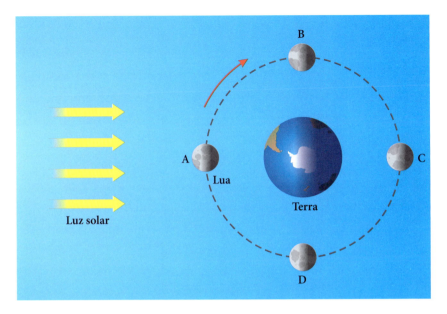

Figura VI-4. As fases da Lua. Em A, a face iluminada da Lua está voltada para o lado contrário à Terra; ela não pode ser vista da Terra, e essa fase é chamada de "Lua Nova". Em B e D, apenas parte da face iluminada da Lua pode ser vista da Terra; essas fases são chamadas, respectivamente, de "Quarto Crescente" e "Quarto Minguante". Em C, toda a face iluminada da Lua pode ser vista da Terra; essa é a "Lua Cheia".

Som obtido no choque entre objetos

O som deriva da variação de pressão que se propaga em um meio. Essa variação é provocada por objetos que vibram e que transmitem seu movimento vibratório ao meio. Um objeto pode vibrar, por exemplo, quando sofre um choque com outro objeto. A vibração será mais intensa se o objeto for mais rígido. Assim, quando sofrem um impacto, pedaços de vidro, madeira seca ou metal, que são mais rígidos, vão produzir mais som que pedaços de espuma ou borracha, que não têm rigidez.

Atividades

A1. Caminhe sobre o piso recoberto de cacos de vidro. Escute o som produzido e explique por que ele é diferente do som produzido quando se caminha sobre um piso macio. Você precisa estar usando sapatos fechados, como é recomendado na entrada da instalação.

A2. Olhe para o interior de um dos aquários existentes na instalação, posicionando-se diante da face mais larga. Observe a espessura do aquário, vista através da água. Depois verifique essa espessura, colocando-se diante da face estreita. Por que, quando visto através da água, o aquário parece mais fino? Essas observações são ilustradas na Figura VI-5.

Capítulo VI   Através – Cildo Meireles   59

Figura VI-5. Aquário retangular. O aquário parece mais fino quando visto através da água (A). A largura parece menor quando o caminho percorrido pela luz através da água até nossos olhos é mais extenso (B). Em (B) observa-se também a imagem do fundo do aquário obtida por reflexão.

A3. Ainda diante do aquário, tente ver o reflexo das pedras do fundo nas paredes laterais e na superfície superior da água. Coloque uma das mãos na lateral mais estreita. Por que ela não pode ser vista através da face mais larga?

As atividades A2 e A3 podem ser realizadas usando-se um aquário ou vasilha de vidro de base retangular.

A4. Suponha que a bola de plástico no centro da sala represente a Lua. O que representa o Sol? Da posição em que você se encontra, em que fase estaria a Lua? Onde você deveria se colocar para ver a Lua Cheia?

Essa atividade pode ser realizada também usando-se a fotografia da obra.

A5. Observe que a bola no centro da instalação parece branca e opaca, embora seja inteiramente feita de filme plástico transparente. Tente explicar por que isso acontece, lembrando que cada camada do filme plástico absorve e reflete uma pequena porção da luz que incide sobre ela, e que a bola é formada por inúmeras camadas (Figura VI-6).

Figura VI-6. A bola parece branca e opaca (A), embora seja formada por inúmeras camadas de filme transparente (B).

Agradecimentos

Agradecemos aos professores Gabriel Pelegatti Franco e Renato las Casas (UFMG) por suas sugestões na elaboração deste capítulo.

CAPÍTULO VII
AHORA JUGUEMOS A DESAPARECER II – CARLOS GARAICOA

Carlos Garaicoa. *Ahora Juguemos a Desaparecer II*, 2012. Foto: Eduardo Eckenfels. Coleção Instituto Inhotim.

Carlos Garaicoa nasceu em Havana, Cuba, em 1967. O artista inicialmente estudou engenharia e, mais tarde, dedicou-se às artes, tendo a arquitetura grande importância em seus trabalhos. Atualmente vive e trabalha em Havana e em Madri, Espanha; também morou seis meses no Rio de Janeiro. Tem obras expostas em diversas cidades de todo o mundo.

A videoinstalação *Ahora juguemos a desaparecer II* (Vamos brincar de desaparecer II) está em um pavilhão na penumbra, com projeção de vídeos que mostram prédios sendo destruídos. Sobre uma grande mesa estão pequenas velas acesas, que representam inúmeros monumentos arquitetônicos reconhecidos, como a Torre Eiffel, de Paris, França, e a Praça São Pedro no Vaticano, Itália. Esse conjunto forma uma grande cidade, em que os prédios-velas estão colocados de maneira aleatória junto de moradias anônimas. As velas queimam constantemente e são substituídas à medida que derretem por completo.

Para Carlos Garaicoa, a arte deve levar a que se pense sobre as condições em que o mundo se encontra, mundo que, segundo ele, também está em ruína. Muitas outras questões surgem ao ver essas velas queimando:

- Por que os monumentos históricos são abandonados e a memória que eles representam também?
- Por que não se olha para a cidade onde se vive?
- Por que não se observa a arquitetura ao nosso redor?

O pavilhão onde se encontra a videoinstalação *Ahora juguemos a desaparecer II* era o estábulo da antiga fazenda de Inhotim, que foi adaptado, mas conserva muito do espaço original e, mantendo sua história, também participa da obra.

A chama de uma vela

Uma vela é constituída por uma estrutura de cera, com um pavio central. Quando acesa, ela produz uma chama, fonte de luz e calor. A chama produz fumaça preta; ao ser apagada, pode-se notar a emissão de fumaça branca.

A cera é o combustível da vela e consiste em hidrocarbonetos longos, que são moléculas formadas por átomos de carbono e de hidrogênio. Normalmente se emprega a parafina, que contém entre 20 e 36 átomos de carbono. Ela pode ter a adição de estearina, para aumentar seu ponto de fusão.

O pavio é feito de fibras de algodão trançadas; algumas vezes ele é mergulhado em uma solução de sais, para evitar a produção de fumaça. A largura do pavio depende da largura da vela: se for muito largo, pode produzir muita fumaça. Pavios muito finos levam à formação de uma chama fraca, que pode se extinguir.

Para iniciar a chama, a vela precisa de uma fonte externa de calor: um palito de fósforo, ou similar, deve ser aproximado do pavio. Isso faz com que a cera próxima ao pavio se funda e suba pelo pavio, por capilaridade. Na ponta superior do pavio, a cera é vaporizada. O calor nesse local é suficiente para iniciar a combustão dos hidrocarbonetos, que reagem com o oxigênio do ar, gerando vapor de água e dióxido de carbono (reação de oxidação). A reação é exotérmica, e o calor liberado realimenta o sistema.

Quando existe oxigênio suficiente para manter a combustão, a reação é completa, como no exemplo a seguir:

$$C_{25}H_{52(s)} + 38\, O_{2(g)} \rightarrow 25\, CO_{2(g)} + 26\, H_2O_{(g)} + calor$$

Se não houver oxigênio suficiente, a combustão é parcial, e há moléculas de carbono sólido ou monóxido de carbono como produto final; por exemplo, podemos ter a reação:

$$C_{25}H_{52(s)} + 17\, O_{2(g)} \rightarrow 13\, C_{(s)} + 12\, CO_{(g)} + 26\, H_2O_{(g)} + calor$$

O calor liberado pela reação de combustão pode quebrar as longas cadeias de hidrocarbonetos em moléculas menores (CH).

A chama de uma vela tem regiões com características bem definidas, mostradas na Figura VII-1 e descritas a seguir.

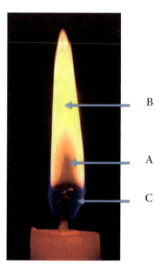

Figura VII-1. A chama de uma vela apresenta regiões distintas: (A) região escura; (B) zona de reação, amarela; (C) região azul.
Fonte: WALKER, Jearl. The Amateur Scientist. *Scientific American*, v. 238, n. 4, p. 154-163, apr. 1978.

Logo acima do pavio há um cone escuro, cuja temperatura é da ordem de 600 °C; nessa região, as moléculas da cera são pouco aquecidas e não há aporte de oxigênio; não ocorre a reação de oxidação e não há emissão de luz.

Acima do cone escuro há uma região amarela, responsável pela iluminação, com temperatura de cerca de 1.200 °C; nessa região, denominada zona de reação, ocorre a oxidação dos hidrocarbonetos e a liberação de calor; as moléculas de carbono aquecidas se comportam como um corpo negro e emitem luz em uma gama contínua de comprimentos de onda, conforme a temperatura. No caso da chama da vela, a emissão ocorre principalmente na região infravermelha próxima, gerando calor, e na região visível de grandes comprimentos de onda (vermelho e amarelo), dando à chama a coloração característica da luz das velas.

Nas partes laterais da chama, próximo ao pavio, encontram-se regiões azuis, com temperatura de cerca de 1.400 °C. Nessa região ocorre a emissão atômica: átomos de carbono molecular (C_2) e de hidrocarbonetos curtos (*CH*) são excitados e decaem ao estado fundamental, emitindo luz com energia igual à diferença entre seus níveis de energia, que correspondem a emissões de luz com comprimentos de onda característicos do azul e do verde-azulado (Figura VII-2).

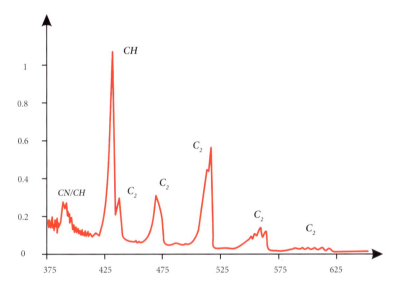

Figura VII-2. Comprimentos de onda de luz visível emitidos pela região azul da chama de uma vela. Notam-se picos de emissão atômica de carbono molecular (C_2) e de hidrocarbonetos curtos (*CH*). Fonte: https://bit.ly/3rbUqwD. Acesso em: jul. 2021.

Em certas condições, observa-se a emissão de fumaça preta acima da chama. Ela é devida à emissão de partículas de carbono, que não emitem luz por estarem a uma temperatura mais baixa. Por outro lado, logo que a chama é extinta, observa-se que fumaça branca escapa do sistema. Ela é constituída por gotículas de água, provenientes da reação de combustão, que se condensam ao esfriar.

Devido à emissão de monóxido de carbono, que é um gás tóxico e pode causar asfixia, ambientes onde há muitas velas acesas precisam ter boa ventilação.

Atividades

A1. Na instalação *Ahora juguemos a desaparecer II*, observe a chama das velas acesas e identifique suas principais regiões.

Essa atividade pode ser feita observando-se a chama de uma vela comum.

A2. Observe o sistema de ventilação do ambiente onde está a instalação; note que existem aberturas na parte inferior das paredes laterais e no centro do teto. Nesse caso, ar mais frio entra pelas aberturas inferiores, é aquecido pelas chamas das velas e sobe (por quê?), escapando pelas aberturas no teto.

Apêndice: Emissão de luz por átomos e moléculas

Podemos obter emissão de luz através da emissão atômica ou por radiação de corpo negro.

A emissão atômica ocorre quando os elétrons dos átomos de certo elemento recebem energia externa e são excitados a um nível mais alto; ao retornarem ao estado fundamental, emitem luz de comprimento de onda correspondente à diferença de energia entre os dois níveis. O fenômeno é descrito com mais detalhes no Capítulo I (Apêndice: O desvio para o vermelho na Astrofísica).

Quando o sistema aquecido é composto por moléculas ou partículas sólidas, o objeto emite radiação numa faixa contínua de comprimentos de onda, de uma maneira que depende apenas de sua temperatura. Esse fenômeno é denominado radiação de corpo negro, pois, quando aquecido, um objeto escuro emite radiação dessa maneira. Variando-se a temperatura do objeto, a curva de emissão se desloca, mantendo uma forma similar. Quanto maior a temperatura, maior a área sob a curva, indicando que mais energia é emitida; e também, com o aumento da temperatura, o pico da curva se desloca para a região de menores comprimentos de onda (Figura VII-3).

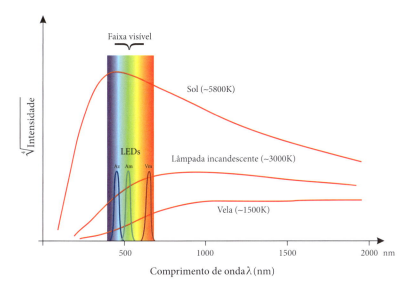

Figura VII-3. Intensidade da radiação emitida por diversos corpos aquecidos, em função dos comprimentos de onda da emissão. Com o aumento da temperatura, a forma da curva se mantém; a área sob a curva (que corresponde à energia emitida) aumenta, e o pico da emissão ocorre para menores valores de comprimentos de onda. O eixo vertical indica a raiz quarta da intensidade, para que as curvas de diversas temperaturas pudessem ser grafadas na mesma figura. Para comparação, são mostradas as curvas de emissão para LEDs azul (Az), amarelo (Am) e vermelho (Vm), que têm comprimentos de onda bem definidos (não emitem como corpos negros).

Observe que a emissão de uma vela ocorre principalmente na região de grandes comprimentos de onda (infravermelho), ou seja, há mais emissão de calor que de luz visível.

Adaptado de: https://bit.ly/3wEDMaf. Acesso em: jul. 2021.

Agradecimentos

Agradecemos aos cientistas da informação Lucas C. Ferreira (CTBTO – ONU) e Gisele R. Ferreira (IAEA – ONU) pelas sugestões na preparação do Apêndice.

CAPÍTULO VIII
O PARQUE DE INHOTIM

O Instituto Inhotim é reconhecido como um dos mais famosos museus a céu aberto do mundo, tanto pela importância das obras que ele abriga como por seu parque, além de ter, desde 2010, um jardim botânico. Por sua localização privilegiada, com vegetação tropical e subtropical, o parque tem sido tratado por paisagistas, em conjunto com os artistas e curadores, de maneira a bem relacionar as obras e os pavilhões, valorizando-os individualmente e em conjunto.

O paisagismo inicial do parque foi elaborado pelo paulista Roberto Burle Marx (1909-1994); a seguir, os projetos ficaram a cargo do paulistano Pedro Nehring e do belorizontino Luis Carlos Orsini.

Hoje, o parque é constituído por uma multiplicidade de plantas ornamentais, com a valorização da biodiversidade de espécies integradas à Mata Atlântica nativa. As obras de arte estão colocadas ao ar livre por todo o parque, quase de forma simbiótica com a vegetação; o mesmo ocorre com os pavilhões, construídos para abrigar instalações.

O paisagismo do parque proporciona vários caminhos para acessar as obras. Ao longo destes, vão se descobrindo muitos bancos, feitos a partir de troncos de árvores encontrados na mata, esculpidos pelo gaúcho Hugo França (1954-). Ao mesmo tempo que esses objetos são apreciados, servem para um momento de descanso.

O atual curador-chefe e diretor-artístico do Instituto Inhotim é o estadunidense Allan Schwartzman (1957-), que está ligado ao instituto desde sua abertura e acompanha também o projeto de harmonização das obras e instalações com o paisagismo.

Para deslocamentos maiores dentro do parque, são disponibilizados carrinhos elétricos (carrinhos de golfe) que circulam silenciosamente e sem emissão de gases.

Do ambiente do parque, destacamos alguns elementos que podem ser observados do ponto de vista da Física.

No meio do caminho tinha uma pedra[6]

Os jardins do parque são arrematados com pequenas rochas, de formas, cores e densidades variadas (Figura VIII-1). Elas são características da região onde se encontra o parque, o Quadrilátero Ferrífero, em Minas Gerais. É uma região antiga, que apresenta em seu solo principalmente quartzo e óxidos de ferro.

---

[6] Frase do poema "No meio do caminho" (1928), de Carlos Drummond de Andrade.

Capítulo VIII   O parque de Inhotim

Figura VIII-1. Rochas dos jardins de Inhotim.

O quartzo é a forma mais comum da sílica (SiO_2), tem cor esbranquiçada e forma angulosa. Quando provém do fundo dos rios, pode ter sido arredondado ao rolar junto com o fluxo de água e leva o nome de seixo rolado. A região é rica em ferro, e muitas vezes esse metal está presente junto à sílica, dando ao quartzo uma cor marrom-avermelhada. Em alguns casos, há precipitação de óxidos de ferro, presentes em suspensão nas águas dos rios, sobre a superfície dos seixos rolados, que ganham uma "casca" escura, recobrindo o interior esbranquiçado.

Os óxidos e hidróxidos de ferro formam também pedras angulosas, de cor marrom e mais densas que as de quartzo. Os minerais mais frequentes são a hematita (Fe_2O_3) e a goethita [FeO(OH)], de cor marrom-avermelhada ou amarelada. Os óxidos e hidróxidos de ferro dão à terra local um tom avermelhado.

Em alguns locais do parque encontramos a canga de minério de ferro: ela é formada por fragmentos angulosos, principalmente de hematita, cimentados por argila ferruginosa (Figura VIII-2). Essa canga constitui o principal componente do minério extraído na região. No solo, ela forma uma crosta rígida, que protege os lençóis d'água subterrâneos.

Figura VIII-2. Canga de minério nos jardins de Inhotim.

Verde que te quero verde[7]

Para fazer a fotossíntese, as plantas absorvem luz por meio da clorofila. Nas plantas superiores existem dois tipos de clorofila: a **clorofila a** absorve luz nas bordas do espectro visível, e a **clorofila b**

---
[7] Do poema "Romance sonâmbulo" (1928), de Federico Garcia Lorca.

absorve luz em frequências mais ao centro do espectro visível (Figura VIII-3). As plantas que recebem diretamente a luz solar têm maior abundância da clorofila a. Elas absorvem luz principalmente nas faixas de pequenos comprimentos de onda (azul e ultravioleta próximo) e de grandes comprimentos de onda (vermelho e infravermelho próximo). A luz visível na faixa de comprimentos de onda médios, com pico na cor verde, é refletida, por isso as folhas de plantas altas têm essa cor.

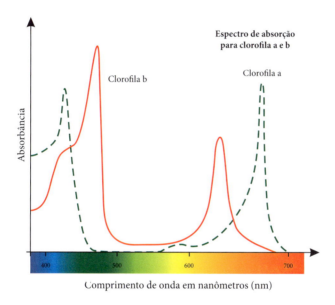

Figura VIII-3. Espectro de absorção da luz pelas clorofilas a e b.

As folhas de sombra (Figura VIII-4) costumam apresentar a cor roxa ou avermelhada. Como elas estão na sombra das outras plantas, a luz que chega até elas tem menor intensidade de vermelho e azul, restando as frequências próximas do verde, que foram refletidas pelas outras folhas. Essas folhas de sombra têm uma maior proporção da clorofila b, que absorve luz em frequências mais ao centro do espectro visível; as cores azul e vermelha (bordas do espectro) não são absorvidas, e sua reflexão resulta na cor arroxeada das folhas.

Figura VIII-4. Plantas de sombra costumam apresentar folhas de tom avermelhado ou roxo: (A) arácea e (B) bromélia.

Plantas aquáticas

Algumas plantas podem flutuar sobre lagos, rios e outros ambientes aquáticos; em algumas delas, as raízes estão fixas no solo, sob a água; em outras, as raízes estão apenas mergulhadas no meio líquido.

Em alguns casos, as plantas flutuam, porque sua densidade é menor que a da água. Isso acontece porque, na estrutura de suas folhas ou caules, existem cavidades preenchidas com ar, seja dentro das células, seja entre as paredes celulares (Figura VIII-5). A presença de ar é também necessária para promover a oxigenação das partes submersas das plantas.

Figura VIII-5. (A) O aquapé flutua porque seu caule tem (B) pequenas cavidades preenchidas com ar.

Outras plantas têm as folhas recobertas por uma substância que repele a água: elas flutuam devido à tensão superficial, que liga fortemente entre si as moléculas da superfície da água e impede que as folhas penetrem no meio líquido. O fato de as folhas serem bastante largas distribui seu peso por uma grande área; a pressão em cada ponto fica reduzida e pode ser anulada pelo empuxo da água (Figura VIII-6).

76 Inhotim na visão da Física

Figura VIII-6. (A) As folhas de plantas aquáticas têm bordas elevadas e flutuam, porque a densidade do sistema (folha + ar) é menor que a densidade da água; como exemplo, temos (B) a salvínia e (C) a vitória-régia.

Fototropismo

As plantas são capazes de se orientar pelo Sol, buscando, assim, absorver melhor a radiação necessária para a fotossíntese.

Esse fenômeno se chama fototropismo e acontece porque elas possuem fotossensores que comandam a distribuição dos hormônios do crescimento, as auxinas.

A Figura VIII-7 ilustra o fototropismo em uma planta que recebe iluminação lateral. Quando os fotossensores detectam a direção da iluminação, as auxinas se concentram no lado menos iluminado. Nesse lado, as células ficam mais alongadas, e o caule se inclina na direção da luz.[8]

Observa-se que os fotossensores são sensíveis principalmente às frequências nas bordas do espectro visível: azuis e ultravioletas, na faixa de frequências mais altas, ou vermelhas e infravermelhas, nas frequências mais baixas. Essas frequências são as mesmas absorvidas pela planta para realizar a fotossíntese.

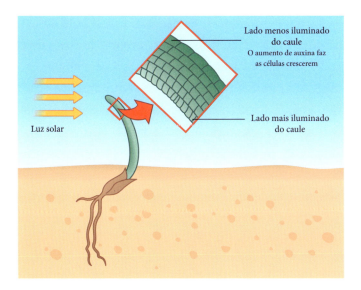

Figura VIII-7. O mecanismo do fototropismo.

---

[8] Pode acontecer o fenômeno inverso, em plantas que se inclinam para se proteger do excesso de iluminação.

Devagar se vai ao longe[9]

Carros elétricos são movidos por um motor elétrico, alimentado por baterias. Eles são mais silenciosos que os carros com motor de combustão interna. Nestes últimos, o ruído do motor vem principalmente da explosão e do escape dos gases de combustão. A partida no carro elétrico é imediata, pois não há necessidade de se iniciar o processo com uma rotação mínima, como nos motores de combustão interna. Quando o circuito motor/bateria é fechado, a corrente começa a circular pelo motor, iniciando o movimento.

O motor elétrico usa o princípio da indução eletromagnética para gerar movimento a partir da energia elétrica (Figura VIII-8). Em uma região onde existe o campo magnético $\vec{B}$, está localizada uma espira, pela qual circula a corrente $\vec{\imath}$, que vai estar sujeita à força $\vec{F}$, em um de seus braços, e $\vec{F}'$, de sentido contrário, no braço oposto. O torque[10] gerado pelas duas forças faz a espira girar. Esse movimento de rotação é transmitido a outros dispositivos, não mostrados na figura.

---

[9] Provérbio italiano: "*Piano, piano, si va lontano*".
[10] O torque é uma grandeza usada no estudo de movimentos de rotação. Ele é definido como o produto da componente de uma força pela distância entre o ponto de aplicação dessa força e o eixo de rotação. O torque, na rotação, é equivalente à força, na translação.

O campo magnético pode ser permanente, obtido com um ímã, ou gerado através de bobinas por onde passa corrente. Se o campo magnético e o comprimento ℓ da espira forem constantes, o módulo da força (e, portanto, a velocidade de rotação) será dependente da corrente:

$$F = B\, i\, \ell$$

Para variar a velocidade do carro, a tensão fornecida ao motor é variada, através de pedais (acelerador). Para desacelerar, diminui-se a tensão fornecida; para frear, é preciso usar um sistema mecânico de frenagem, que faz cessar o movimento das rodas.

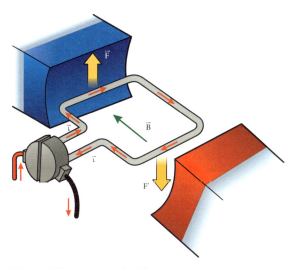

Figura VIII-8. Esquema simplificado de um motor ou gerador.

O mesmo dispositivo pode ser usado como gerador: se a espira gira em uma região onde existe o campo magnético $\vec{B}$, o fluxo magnético através dela varia: o fluxo é máximo quando o plano formado pela espira é perpendicular às linhas de campo magnético, e mínimo, quando esse plano e as linhas de campo são paralelos. A variação do fluxo cria uma força eletromotriz nas bordas da espira, que pode fornecer corrente a um circuito externo.

Como o motor elétrico pode também ser usado como gerador, é comum os carros elétricos possuírem o sistema de frenagem regenerativa: no momento da frenagem, a rotação inercial do motor pode ser usada para recarregar a bateria.

As baterias mais comumente utilizadas em carros elétricos são de lítio ou de chumbo/ácido (Figura VIII-9).

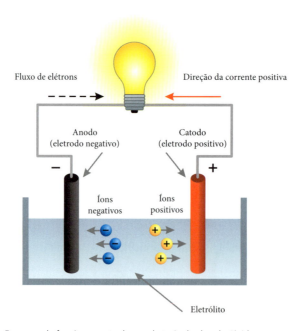

Figura VIII-9. Esquema de funcionamento de uma bateria de chumbo/ácido.

A bateria de chumbo/ácido é utilizada em pequenos carros, usualmente chamados "carros de golfe". Ela é basicamente formada por duas placas mergulhadas em um meio líquido. Uma das placas (anodo) é constituída por chumbo poroso (*Pb*), e a outra (catodo), por peróxido de chumbo (PbO_2). O meio líquido (eletrólito) é uma solução de ácido sulfúrico (H_2SO_4) diluído a cerca de 30%.

Na água, o ácido sulfúrico se separa em íons hidrogênio e sulfato:

$$H_2SO_4 \rightarrow H^+ + HSO_4^-$$

No anodo, o chumbo reage com o íon sulfato, precipitando sulfato de chumbo, liberando íons de hidrogênio para o meio aquoso e elétrons, que se acumulam no anodo e geram uma tensão elétrica, que pode fazer circular corrente:

$$Pb_{(s)} + HSO_{4\,(aq)}^- \rightarrow PbSO_{4(s)} + H^+_{(aq)} + 2e^-$$

No catodo, o peróxido de chumbo recebe elétrons e reage com íons de hidrogênio e de sulfato da solução aquosa, precipitando sulfato de chumbo e gerando água:

$$PbO_{2(s)} + 3H^+_{(aq)} + HSO_{4(aq)}^- + 2e^- \rightarrow PbSO_{4(s)} + 2H_2O_{(l)}$$

Se o catodo e o anodo forem ligados a um circuito externo, haverá circulação dos elétrons, gerando luz, movimento, calor ou outra forma de energia.

Eventualmente, os íons sulfato da solução são consumidos, e os eletrodos ficam recobertos com sulfato de chumbo; nesse momento, a bateria não é mais capaz de fazer circular corrente pelo circuito e deve ser recarregada: aplicando-se aos polos da bateria uma tensão inversa, as reações acima são revertidas, e a bateria volta ao seu estado inicial. O carregamento das baterias de um carro elétrico pode ser feito usando-se a rede elétrica doméstica, porém, o processo é longo (cerca de oito horas).

Existe uma faixa ótima de temperatura, para a qual as reações anteriormente descritas acontecem com mais facilidade. Em climas muito frios, ou no caso de superaquecimento da bateria, pode haver perda na sua eficiência.

Normalmente, para alimentar um carro elétrico, é necessário o uso de várias baterias, o que aumenta o peso do carro.

Os carros elétricos mais simples têm velocidade e autonomia inferiores às dos carros que têm motores de combustão interna. São, em geral, utilizados principalmente para fins específicos, como o transporte de carga ou pessoas por pequenas distâncias (aeroportos, campos de golfe, parques).

Devido às características do motor, carros elétricos não são emissores de gases de efeito estufa. No entanto, a energia necessária para carregar suas baterias pode ter sido produzida em processos que emitem esses gases. Por isso, para se determinar a vantagem ecológica desse tipo de carro, deve ser verificado todo o processo, desde a geração de energia até o seu uso.

Atividades

A1. Observe as rochas nos jardins do parque, ou nas fotos da Figura VIII-1. Quais seriam consideradas seixos rolados? Quais seriam compostos de quartzo, ou de óxidos de ferro?

Compare o peso de rochas brancas e escuras, colocando uma em cada mão. Qual delas parece mais densa?

Essa atividade pode ser feita observando-se pequenas rochas em outros jardins ou parques.

A2. As densidades das rochas mostradas na Figura VIII-10 foram determinadas seguindo o procedimento descrito no Apêndice. Compare seu valor com os valores tabelados para sílica e hematita:

sílica: d = 2,2 g/cm^3
hematita: d = 4,9 a 5,3 g/cm^3

É possível usar as instruções do Apêndice para determinar a densidade de outras rochas ou objetos.

Capítulo VIII O parque de Inhotim

Figura VIII-10. Densidade de algumas rochas de Inhotim.

A3. Observe a canga de minério no jardim de Inhotim ou na foto da Figura VIII-2. Identifique os fragmentos ferruginosos cimentados.

A4. Caminhando pelo parque, identifique as plantas aquáticas, as plantas de sombra e as que têm fototropismo.

Essa atividade pode ser feita em outro parque ou jardim, próximo à escola ou residência.

A5. Observe os carrinhos elétricos que circulam pelo parque de Inhotim. Que características positivas ou negativas chamam sua atenção? (Nível de ruído, velocidade, modo de conduzir...) A que você atribui essas características?

Apêndice: Como determinar a densidade de um objeto

É possível determinar aproximadamente a densidade de uma rocha ou outro objeto usando-se material de fácil obtenção.

O volume V pode ser determinado medindo-se o volume de água deslocado quando se coloca a pedra em um recipiente graduado (mamadeira ou jarra graduada), em litros ou centímetros cúbicos ($1\ cm^3 = 1\ mL$), como é mostrado na Figura VIII-11A.

O peso pode ser obtido em uma balança comercial (em uma padaria ou mercado). Embora essas balanças determinem o peso do objeto, o resultado é fornecido como a sua massa M, em gramas ou quilogramas (Figura VIII-11B).

De posse dos dois valores, a densidade é calculada como:

$$d = M/V$$

A unidade mais comumente usada para a densidade é g/cm^3.

Figura VIII-11. Determinação da densidade de uma rocha, usando-se material de fácil obtenção.
(A): a rocha desloca *8 mL* de água; logo, *V = 8 cm³*.
(B): a massa da rocha é *38 g*. Sua densidade, então, é *4,7 g/cm³*.
Obs.: A precisão nesse tipo de medida é de cerca de 15%.

Agradecimentos

Diversos especialistas nos ajudaram na preparação deste capítulo. Em particular, gostaríamos de agradecer aos professores J. Pires de Lemos Filho (ICB-UFMG), Evandro Moraes da Gama, Virgínia Ciminelli e Thales A. C. Maia (EE-UFMG), ao botânico Juliano Borin (Instituto Inhotim) e ao engenheiro Pedro R. Ferreira (Karlshue Institute of Technology).

SUGESTÕES DE LEITURA

Os conceitos de Física e de Arte discutidos neste livro podem ser encontrados em livros básicos:

ARCHER, M. *Arte contemporânea: uma história concisa*. 2. ed. São Paulo: Martins Fontes, 2012.

BULHÕES, M. A. *Arte contemporânea no Brasil*. Belo Horizonte: C/Arte, 2019.

CANTON, K. *Do moderno ao contemporâneo*. São Paulo: Martins Fontes, 2009.

CARMO, F. F.; KAMINO, L. H. Y. (Orgs.). *Geossistemas ferruginosos do Brasil*. Belo Horizonte: Instituto Pristino, 2015.

HALLIDAY, D.; RESNICK, R.; KRANE, K. S. *Física*. 4. ed. Rio de Janeiro: LTC, 1996.

HEWITT, P. G. *Física conceitual*. 11. ed. Porto Alegre: Bookman, 2011.

MÁXIMO, A.; ALVARENGA, B. *Física*. 2. ed. São Paulo: Scipione, 2007.

PROENÇA, G. *História da arte*. 17. ed. São Paulo: Ática, 2014.

RAVEN, P. H.; EVERT, R. F.; EICHHORN, S. E. *Biologia vegetal*. 8. ed. Rio de Janeiro: Guanabara Koogan, 2014.

Algumas páginas da internet oferecem informação sobre as obras e os artistas citados no livro e sua relação com a Física (acesso em jul. 2021):

https://inhotim.org.br/
http://www.galerialuisastrina.com.br/artistas/
https://www.escritoriodearte.com/artistas
http://www.heliooiticica.org.br/projeto/projeto.htm
https://www.lissongallery.com/artists/dan-graham
https://www.olafureliasson.net/
https://mam.org.br/
https://enciclopedia.itaucultural.org.br

Este livro foi composto com tipografia Bembo e impresso
em papel Off Set 90 g/m² na Formato Artes Gráficas.